T0197084

essentials

essentials liefern aktuelles Wissen in konzentrierter Form. Die Essenz dessen, worauf es als „State-of-the-Art" in der gegenwärtigen Fachdiskussion oder in der Praxis ankommt. *essentials* informieren schnell, unkompliziert und verständlich

- als Einführung in ein aktuelles Thema aus Ihrem Fachgebiet
- als Einstieg in ein für Sie noch unbekanntes Themenfeld
- als Einblick, um zum Thema mitreden zu können

Die Bücher in elektronischer und gedruckter Form bringen das Expertenwissen von Springer-Fachautoren kompakt zur Darstellung. Sie sind besonders für die Nutzung als eBook auf Tablet-PCs, eBook-Readern und Smartphones geeignet. *essentials*: Wissensbausteine aus den Wirtschafts-, Sozial- und Geisteswissenschaften, aus Technik und Naturwissenschaften sowie aus Medizin, Psychologie und Gesundheitsberufen. Von renommierten Autoren aller Springer-Verlagsmarken.

Weitere Bände in der Reihe http://www.springer.com/series/13088

Guido Walz

Interpolation von Daten und Funktionen

Klartext für Nichtmathematiker

Guido Walz
Darmstadt, Deutschland

ISSN 2197-6708   ISSN 2197-6716   (electronic)
essentials
ISBN 978-3-658-30657-1   ISBN 978-3-658-30658-8   (eBook)
https://doi.org/10.1007/978-3-658-30658-8

Die Deutsche Nationalbibliothek verzeichnet diese Publikation in der Deutschen Nationalbibliografie; detaillierte bibliografische Daten sind im Internet über http://dnb.d-nb.de abrufbar.

Planung/Lektorat: Iris Ruhmann
Springer Spektrum ist ein Imprint der eingetragenen Gesellschaft Springer Fachmedien Wiesbaden GmbH und ist ein Teil von Springer Nature.
Die Anschrift der Gesellschaft ist: Abraham-Lincoln-Str. 46, 65189 Wiesbaden, Germany

Was Sie in diesem *essential* finden können

- Drei verschiedene Verfahren zur Interpolation mit Polynomen beliebigen Grades
- Methoden zur Interpolation einer Funktion und ihrer Ableitung
- Den phänomenalen Existenz- und Eindeutigkeitssatz
- Beispiele zur Interpolation mit trigonometrischen Polynomen und Exponentialsummen

Inhaltsverzeichnis

Darstellung des Problems und ein erstes Beispiel

Das Grundproblem der gesamten Interpolation kann man ganz einfach schildern; werfen Sie hierzu auch einmal einen ersten Blick auf Abb. 1.1: In einem Koordinatensystem sind gewisse Punkte vorgegeben – das können beispielsweise die Ergebnisse einer Messreihe oder auch einzelne Werte einer komplizierten Funktion sein – und es soll eine (einfache) Funktion gefunden werden, deren Graph durch diese Punkte verläuft.

Handelt es sich also beispielsweise um die Ergebnisse einer Messreihe, so kann man diese Funktion anschließend benutzen, um Werte zwischen den Messpunkten abzugreifen.

Analytisch präzise (aber eben unanschaulicher) lässt sich das so formulieren:

Interpolationsproblem

Mit einer natürlichen Zahl m seien $(m + 1)$ Zahlen

$$x_0 < x_1 < \cdots < x_{m-1} < x_m \tag{1.1}$$

sowie ebenso viele beliebige Werte $y_0, y_1, \ldots, y_m$ vorgegeben.

Das **Interpolationsproblem** besteht darin, eine Funktion $f(x)$ zu finden, die die Bedingungen

$$f(x_i) = y_i \quad \text{für } i = 0, 1, \ldots, m \tag{1.2}$$

erfüllt.

© Der/die Herausgeber bzw. der/die Autor(en), exklusiv lizenziert durch Springer Fachmedien Wiesbaden GmbH, ein Teil von Springer Nature 2020
G. Walz, *Interpolation von Daten und Funktionen*, essentials,
https://doi.org/10.1007/978-3-658-30658-8_1

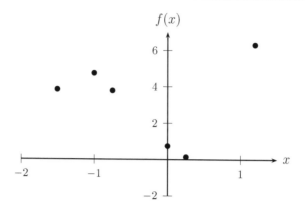

Abb. 1.1 Punkte im Koordinatensystem

Bemerkung

In dieser Form handelt es sich um die Interpolation von vorgegebenen Werten, den y_i, also von Daten. Im Titel dieses Büchleins ist aber auch von der Interpolation von Funktionen die Rede. Der Zusammenhang dieser beiden Problemstellungen ist aber ganz eng: Will man eine gegebene Funktion g interpolieren, so greift man ihre Werte an den Stellen x_i ab und setzt $y_i = g(x_i)$ für alle i. Und schon hat man die Interpolation einer Funktion auf diejenige von Daten zurückgeführt.

Plauderei

Der Tatsache, dass die Punkte x_i durch die Bedingung (1.1) der Größe nach sortiert sein müssen, sollten Sie keine allzu tiefe Bedeutung beimessen; wichtig ist hier nur, dass die Punkte alle verschieden voneinander sind, und dann ist es eben einfach nur bequem, sie durch die Indizes gleich der Größe nach zu sortieren.

Ebenso wenig sollten Sie sich mit Grübeleien darüber aufhalten, warum die Indizierung hier mit 0 (und nicht mit 1) beginnt: Es wird sich im weiteren Verlauf zeigen, dass dadurch einige Formeln leichter hinzuschreiben sind.

Beachten Sie bitte, dass ich bisher noch nicht geruht habe zu sagen, was für eine Art von Funktion $f(x)$ sein soll. Tatsächlich gibt es in dieser bisher vorliegenden Allgemeinheit eine ziemlich einfache Lösung dieses Problems, die bereits jedes Kind im Vorschulalter angeben kann, jedenfalls solange man es nicht mit ~~so gefährlichen Worten~~ Fachbegriffen wie „Interpolation" oder „Funktionen" erschreckt: Man verbindet einfach je zwei benachbarte Punkte durch eine Strecke. Hierdurch ergibt sich ein **Streckenzug** oder auch **Polygonzug**, also eine stückweise lineare Funktion, die das Interpolationsproblem löst (Abb. 1.2).

Allerdings hat diese Funktion Knicke, ihr Graph nicht „glatt", und das ist häufig unerwünscht. Daher präzisiert man das Problem meist dahingehend, dass man als interpolierende Funktionen nur solche ohne Knicke, sogenannte differenzierbare oder glatte Funktionen zulässt (Abb. 1.3).

Im weiteren Verlauf dieses Büchleins werde ich Ihnen zeigen, wie man das für die wichtigsten Arten von Funktionen macht. Diese sind

- trigonometrische Summen (wenn die Daten einen periodischen Verlauf aufweisen)
- Exponentialsummen (wenn die Daten einen Wachstums- oder Zerfallsprozess beschreiben)
- Polynome (wenn keine besondere Struktur der Daten erkennbar ist)

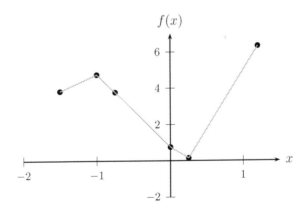

Abb. 1.2 Durch einen Streckenzug verbundene Punkte

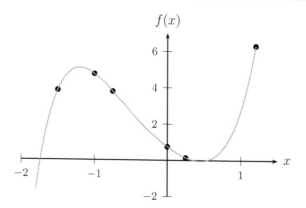

Abb. 1.3 Interpolierende glatte Funktion

Keine Sorge, wenn Ihnen gerade entfallen sein sollte, was eine Exponentialsumme oder ein Polynom ist. Ich wollte die Bezeichnungen nur einmal kurz auflisten um Sie zu ~~erschrecken~~ sensibilisieren und werde das alles auf den nächsten Seiten ausführlich beschreiben. Ich beginne mit den Polynomen.

Interpolation mit Polynomen

2

Da es in diesem Kapitel, wie der Titel schon zart andeutet, um Polynome geht, wird es eine gute Idee sein, diesen Begriff zunächst einmal zu definieren.

Definition 2.1

Eine Funktion $p(x)$, die sich in der Form

$$p(x) = a_n x^n + a_{n-1} x^{n-1} + \cdots + a_1 x + a_0 \qquad (2.1)$$

darstellen lässt, wobei n eine natürliche Zahl oder null ist und $a_0, a_1, \ldots, a_n$ reelle Zahlen sind, nennt man ein **Polynom** vom Grad (höchstens) n.

Die Zahlen $a_0, a_1, \ldots, a_n$ heißen die **Koeffizienten** des Polynoms.

Besserwisserinfo

Ein Polynom vom Grad 1 stellt eine Gerade dar, ein Polynom vom Grad 2 (genauer gesagt dessen Graph) nennt man auch **Parabel**.

Beispiel 2.1

a) Die Funktion $p_1(x) = 2x^4 + 3x - 1$ ist ein Polynom vom Grad 4.

b) Auch die Funktion $p_2(x) = (2x + 2)^3 - (2x + 1)^2$ ist ein Polynom, genauer gesagt eines vom Grad 3, denn wenn man die beiden potenzierten Terme aus-

© Der/die Herausgeber bzw. der/die Autor(en), exklusiv lizenziert durch Springer Fachmedien Wiesbaden GmbH, ein Teil von Springer Nature 2020
G. Walz, *Interpolation von Daten und Funktionen*, essentials,
https://doi.org/10.1007/978-3-658-30658-8_2

multipliziert und nach x-Potenzen sortiert, hat p_2 genau die in Definition 2.1 geforderte Form.

c) Die Funktion $p_3(x) = x + x^{-1}$ ist dagegen *kein* Polynom, denn bei einem Polynom müssen alle Potenzen von x natürliche Zahlen oder 0 sein, und das ist bei -1 eben nicht der Fall.   ∎

Besserwisserinfo

Es kann natürlich sein, dass der erste Koeffizient a_n oder gleich mehrere der ersten Koeffizienten gleich 0 sind. Beispielsweise ist

$$p(x) = 0x^5 + 0x^4 + 2x^3 - 5x + 1$$

nach obiger Definition ein Polynom vom Grad 5. Natürlich schreibt aber kein Mensch diese führenden Nullen hin, sondern man schreibt einfach

$$p(x) = 2x^3 - 5x + 1,$$

und so ist aus unserem Polynom fünften Grades eines dritten Grades geworden. Um nicht dauernd irgendwelche derartigen pathologischen Fälle gesondert betrachten zu müssen, hat man das Wörtchen „höchstens" (das man allerdings oft nicht hinschreibt) in die Definition eingefügt: $p(x)$ gehört also definitionsgemäß zur Menge der Polynome höchstens fünften Grades, und das stimmt ja auch; dass diese Funktion zwei hohe Potenzen verschenkt, ist ihr eigenes Problem.

Will man dagegen betonen, dass ein Polynom einen gewissen Grad, sagen wir n, auch wirklich hat, so sagt man, es sei *vom genauen Grad n*.

Plauderei

Eine andere Bezeichnung für Polynom ist **ganzrationale Funktion**. Ich gebrauche sie nicht so gern, denn als Konsequenz daraus muss man die sogenannten rationalen Funktionen „gebrochenrationale Funktion" nennen, und das mag ich nicht so gerne, denn bei dieser Bezeichnung entstehen Bilder in meinem Kopf, die mag ich Ihnen gar nicht schildern.

Angepasst auf die Situation der Polynome lautet das in (1.2) angegebene allgemeine Interpolationsproblem wie folgt:

Interpolationsproblem für Polynome
Mit einer natürlichen Zahl n seien $(n + 1)$ Zahlen

$$x_0 < x_1 < \cdots < x_{n-1} < x_n \tag{2.2}$$

sowie ebenso viele beliebige Werte $y_0, y_1, \ldots, y_n$ vorgegeben.
   Das Interpolationsproblem für Polynome besteht darin, ein Polynom $p(x)$ höchstens n-ten Grades zu finden, das die Bedingungen

$$p(x_i) = y_i \quad \text{für } i = 0, 1, \ldots, n \tag{2.3}$$

erfüllt. Dieses Polynom nennt man **Interpolationspolynom.**

Für kleine Werte von n kann man die Lösung des Interpolationsproblems zu Fuß ermitteln: Im Fall $n = 1$ muss man eine Gerade angeben, die an zwei verschiedenen Stellen x_0 und x_1 vorgegebene Werte annimmt; es ist schon anschaulich klar, dass es eine solche Gerade gibt, und es ist ebenso klar, dass sie eindeutig bestimmt ist.

Abb. 2.1 Interpolierende Parabel

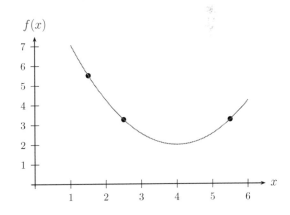

Ist $n = 2$, so lautet das Interpolationsproblem: Man bestimme ein Polynom zweiten Grades, also eine Parabel, deren Graph durch drei vorgegebene Punkte geht; ein Beispiel hierfür sehen Sie in Abb. 2.1.

Auch hier ist es noch anschaulich klar, dass es eine solche Parabel geben wird, aber ob diese auch eindeutig bestimmt ist, ist schon nicht mehr ganz so klar; es könnte ja sein, dass man an dieser Parabel ein wenig „wackeln" kann, ohne ihre Interpolationseigenschaft zu zerstören.

So wird das also nix, wir brauchen einen allgemeinen Satz, der die eindeutige Lösbarkeit des Interpolationsproblems sicherstellt. Und genau dieser folgt im nächsten Abschnitt.

2.1   Der phänomenale Existenz- und Eindeutigkeitssatz

Warum der Satz, den ich nun gleich angeben werde, so „phänomenal" ist, sage ich Ihnen im Anschluss; lassen Sie ihn mich erst einmal formulieren, er ist ganz kurz:

Satz 2.1 (Existenz- und Eindeutigkeitssatz)
Das oben formulierte Interpolationsproblem für Polynome besitzt stets eine eindeutig bestimmte Lösung.

Das heißt: Es gibt für jedes n und für jede Vorgabe von $(n + 1)$ Punkt-Wertepaaren genau ein Polynom höchstens n-ten Grades, das die Bedingungen (2.3) erfüllt.

Schöner kann es eigentlich nicht kommen, und genau deswegen bezeichne ich diesen Satz als phänomenal: Das Problem besitzt also immer eine Lösung, und diese ist auch noch stets eindeutig! Letzteres ist übrigens keineswegs eine nebensächliche Eigenschaft: Stellen Sie sich vor, das Problem hätte mehrere Lösungen, und Sie müssten eine Reihe von wissenschaftlichen Messdaten interpolieren, dann könnte es Ihnen passieren, dass Sie, abhängig von Tagesform, Luftdruck, Schuhgröße oder was auch immer unterschiedliche Lösungen desselben Problems erhalten würden – keine sehr schöne Aussicht für ein wissenschaftliches Programm.

Besserwisserinfo

Für die Aussage, dass es immer eine Lösung gibt, gebe ich Ihnen auf den folgenden Seiten gleich drei verschiedene „Beweise", denn ich werde drei Methoden zur praktischen Berechnung des Interpolationspolynoms angeben.

Dass dieses eindeutig ist, dass es also immer höchstens eine Lösung gibt, kann man recht leicht wie folgt einsehen: Nehmen wir einmal an, es gäbe zwei verschiedene Lösungen des Interpolationsproblems, nennen wir sie $p_1(x)$ und $p_2(x)$. Da beide das Problem lösen, gilt also

$$p_1(x_i) = p_2(x_i) = y_i \quad \text{für} \quad i = 0, 1, \ldots, n.$$

Dass beide Polynome an den Stellen x_i jeweils gerade den Wert y_i annehmen ist offen gestanden hier ziemlich uninteressant; wichtig ist allein, dass sie an all diesen Stellen jeweils *denselben* Wert annehmen. Daraus folgt nämlich sofort für die Differenz der beiden Polynome:

$$(p_1 - p_2)(x_i) = p_1(x_i) - p_2(x_i) = 0 \quad \text{für} \quad i = 0, 1, \ldots, n. \qquad (2.4)$$

Nun ist $(p_1 - p_2)(x)$ als Differenz zweier Polynome n-ten Grades selbst ein Polynom n-ten Grades, und da $p_1(x)$ und $p_2(x)$ nach Annahme verschieden sind, ist $(p_1 - p_2)(x)$ nicht konstant 0. Damit sagt aber Gl. (2.4), dass ein Polynom n-ten Grades, das nicht konstant 0 ist, $(n + 1)$ Nullstellen hat, was nicht möglich ist (ein Polynom ersten Grades, also eine Gerade, kann nicht zwei Nullstellen haben, ein Polynom zweiten Grades, also eine Parabel, kann nicht drei Nullstellen haben, usw.).

Damit war die Annahme falsch, und es kann nicht zwei verschiedene Lösungen des Interpolationsproblems geben.

2.2 Praktische Berechnung des Interpolationspolynoms

In diesem Abschnitt werde ich Ihnen wie angekündigt drei verschiedene Möglichkeiten zur Berechnung des Interpolationspolynoms vorstellen. Beachten Sie: Da dieses Polynom nach dem Existenz- und Eindeutigkeitssatz 2.1 eindeutig bestimmt ist, liefern alle drei Methoden dasselbe Ergebnis, Sie können sich also für eine Methode Ihrer Wahl entscheiden.

2.2.1 Lösung eines linearen Gleichungssystems

Schauen wir uns das Problem nochmal genau an: Zu bestimmen ist ein Polynom
n-ten Grades, also eine Funktion der Form

$$p(x) = a_n x^n + a_{n-1} x^{n-1} + \cdots + a_1 x + a_0, \qquad (2.5)$$

das die $n+1$ Gleichungen

$$p(x_0) = y_0, \; p(x_1) = y_1, \ldots, p(x_n) = y_n$$

löst. Eingesetzt in (2.5) heißt das: Zu lösen ist

$$a_n x_0^n + a_{n-1} x_0^{n-1} + \cdots + a_1 x_0 + a_0 = y_0$$
$$a_n x_1^n + a_{n-1} x_1^{n-1} + \cdots + a_1 x_1 + a_0 = y_1$$
$$\vdots \qquad \vdots \qquad \vdots$$
$$a_n x_n^n + a_{n-1} x_n^{n-1} + \cdots + a_1 x_n + a_0 = y_n$$

Beachten Sie: Die x- und y-Werte sind hier alle bekannt und fest, im konkreten Fall
sind das Zahlen! „Lösen" bedeutet hier, die Koeffizienten $a_n, a_{n-1}, \ldots, a_1, a_0$ zu
bestimmen. Diese kommen aber alle nur linear vor, d. h., wir haben hier ein lineares
Gleichungssystem mit $n+1$ Unbekannten und ebenso vielen Gleichungen vor uns.

(Da sich dieses Büchlein ausdrücklich (auch) an Nicht-Mathematiker wendet,
kan ich natürlich nicht voraussetzen, dass Sie mit linearen Gleichungssystemen
zutiefst vertraut sind. In diesem Fall können Sie aber bspw. in Walz (2018), aber
auch in jedem Buch zur linearen Algebra, alles Wichtige nachlesen.)

Man kann nachweisen, dass dieses System immer lösbar ist und eine eindeutige
Lösung besitzt. Somit kann man die gesuchten Koeffizienten immer berechnen und
damit das Interpolationspolynom bestimmen.

Höchste Zeit für ein erstes Beispiel:

Beispiel 2.2

a) Fangen wir klein an: Ich setze $n=2$ und wähle

$$x_0 = -2, \; y_0 = 11, \; x_1 = 0, \; y_1 = 1, \; x_2 = 1, \; y_2 = -1. \qquad (2.6)$$

Zu bestimmen ist das Interpolationspolynom zweiten Grades hierzu, also mache ich den Ansatz

$$p(x) = a_2 x^2 + a_1 x + a_0.$$

Einsetzen der Werte $x_0 = -2$ und $y_0 = 11$ führt auf die Gleichung

$$a_2 \cdot 4 + a_1 \cdot (-2) + a_0 = 11,$$

oder, etwas schöner

$$4a_2 - 2a_1 + a_0 = 11.$$

Dieselbe Vorgehensweise bei den anderen beiden Wertepaaren liefert insgesamt das System

$$4a_2 - 2a_1 + a_0 = 11$$
$$a_0 = 1$$
$$a_2 + a_1 + a_0 = -1$$

Offenbar ist also $a_0 = 1$. Setzt man dies in die anderen beiden Gleichungen ein wird daraus

$$4a_2 - 2a_1 + 1 = 11$$
$$a_2 + a_1 + 1 = -1,$$

also

$$4a_2 - 2a_1 = 10$$
$$a_2 + a_1 = -2$$

Nun kann man beispielsweise die zweite Gleichung nach a_2 auflösen, das ergibt $a_2 = -a_1 - 2$, und in die erste einsetzen. Man erhält

$$4(-a_1 - 2) - 2a_1 = 10,$$

also $a_1 = -3$, und schließlich $a_2 = -a_1 - 2 = 1$. Das gesuchte Polynom lautet also

$$p(x) = x^2 - 3x + 1.$$

b) Nun wage ich mich an den Fall $n = 3$, lasse aber Zwischenschritte weg. Ich wähle ziemlich willkürlich die Daten:

$$x_0 = -2, \; x_1 = -1, \; x_2 = 0, \; x_3 = 1,$$

$$y_0 = -11, \; y_1 = -1, \; y_2 = 1, \; y_3 = 1.$$

Einsetzen dieser Werte in den Ansatz

$$p(x) = a_3 x^3 + a_2 x^2 + a_1 x + a_0$$

führt auf das lineare Gleichungssystem

$$-8a_3 + 4a_2 - 2a_1 + a_0 = -11$$
$$-a_3 + a_2 - a_1 + a_0 = -1$$
$$a_0 = 1$$
$$a_3 + a_2 + a_1 + a_0 = 1$$

Die sehr ~~ätzende~~ aufwendige Lösung dieses Gleichungssystems will ich in unser aller Interesse überspringen – Sie finden die Vorgehensweise hierfür wie schon gesagt beispielsweise in Walz (2018) – und die Lösung direkt angeben; sie lautet

$$a_3 = 1, \; a_2 = -1, \; a_1 = 0, \; a_0 = 1.$$

Das gesuchte Polynom lautet also

$$p(x) = x^3 - x^2 + 1.$$

∎

Bereits in Teil b) dieses kleinen Beispiels wurde deutlich, dass die Lösung des Linearen Gleichungssystems für große Werte von n – und in diesem Kontext ist so etwas wie $n = 10$ schon ziemlich groß – sehr aufwendig werden kann; ebenso werden, bedingt durch Rundungsfehler, bei „krummen" Zahlen ungenaue Werte herauskommen. Diese Methode ist also für große Werte von n nicht konkurrenzfähig, und da trifft es sich gut, dass es noch zwei andere Verfahren gibt, die ich Ihnen auf den nächsten Seiten vorstellen will.

2.2.2 Interpolationsverfahren von Lagrange

Fundamental für die im Folgenden dargestellte Methode sind die Lagrange-Polynome, die ich daher erstmal definieren werde:

Definition 2.2
Für ein $n \in \mathbb{N}$ seien Punkte

$$x_0 < x_1 < \cdots < x_{n-1} < x_n$$

festgelegt. Dann heißt für beliebiges $j \in \{0, 1, \ldots, n\}$ die Funktion

$$L_j^n(x) = \frac{(x - x_0)(x - x_1) \cdots (x - x_{j-1})(x - x_{j+1}) \cdots (x - x_n)}{(x_j - x_0)(x_j - x_1) \cdots (x_j - x_{j-1})(x_j - x_{j+1}) \cdots (x_j - x_n)} \tag{2.7}$$

Lagrange-Polynom n-ten Grades zum Index j (bzw. zum Punkt x_j).

Plauderei
Diese Funktionen, ebenso wie die gesamte Methode, sind benannt nach Joseph Louis Lagrange (1736 bis 1813), der zahlreiche wichtige Beiträge zur Mathematik, aber auch der Astronomie geliefert hat.

Ich hoffe, durch diese kleine Plauderei konnten Sie sich ein wenig vom Schock über die Darstellung (2.7) erholen. Um diesen Erholungsprozess zu vervollständigen gebe ich hier nochmal in Worten an, was da passiert: Der Zähler besteht aus sogenannten Linearfaktoren, also Faktoren der Form „Variable minus Konstante". Die Konstanten sind hier die vorgegebenen x-Stellen, und zwar alle bis auf die eine, deren Index gleich dem des Polynoms ist, in der Formel ist das j. Der Nenner besteht aus fast denselben Faktoren, wobei hier aber die Variable x durch die Konstante x_j ersetzt wird. Der Nenner ist also nur ein Produkt von Zahlen und somit selbst eine Zahl.

Und wenn auch das noch nicht so recht geholfen hat, hilft sicherlich ein erstes Beispiel:

Beispiel 2.3

Ich setze – ziemlich willkürlich – $n = 3$, sowie

$$x_0 = -1, \ x_1 = 1, \ x_2 = 3, \ x_3 = 4.$$

Dann ist beispielsweise

$$L_1^3(x) = \frac{(x+1)(x-3)(x-4)}{2 \cdot (-2)(-3)} = \frac{1}{12}(x+1)(x-3)(x-4)$$

und

$$L_3^3(x) = \frac{(x+1)(x-1)(x-3)}{5 \cdot 3 \cdot 1} = \frac{1}{15}(x+1)(x-1)(x-3).$$

∎

Vielleicht wundern Sie sich darüber, dass man diese merkwürdigen in (2.7) definierten Funktionen als Polynome bezeichnet? Nun, dass das ist tatsächlich nicht offensichtlich, aber dass es sinnvoll und richtig ist besagt Satz 2.2, der auch gleich noch eine wichtige Interpolationseigenschaft der Lagrange-Polynome formuliert.

Satz 2.2

Für ein $n \in \mathbb{N}$ und $j \in \{0, 1, \ldots, n\}$ sei $L_j^n(x)$ das Lagrange-Polynom wie in (2.7) definiert. Dann gelten folgende Aussagen:

a) *$L_j^n(x)$ ist ein Polynom vom Grad n.*
b) *Es ist $L_j^n(x_j) = 1$.*
c) *Es ist $L_j^n(x_i) = 0$ für alle $i \neq j$.*

$L_j^n(x)$ nimmt also an der Stelle x_j den Wert 1 und an allen anderen Stellen x_i den Wert 0 an.

Besserwisserinfo

Eigentlich hatte ich mir vorgenommen, in diesem Büchlein keine formalen Beweise anzugeben, aber der folgende ist so kurz und gleichzeitig erhellend, dass ich hier von diesem Vorhaben einmal Abstand nehmen will. Außerdem brauche ich so etwas ab und zu. (Ja, es gibt schon merkwürdige Menschen, man nennt sie Mathematiker.)

Beweis Multipliziert man den Zähler von $L_j^n(x)$ aus, so erhält man eine Linearkombination aller möglicher Potenzen von x. Die höchste Potenz, die dabei auftreten kann, ist x^n, denn der Zähler von $L_j^n(x)$ besteht aus genau n Linearfaktoren. Der Nenner von $L_j^n(x)$ ist eine Konstante. Das beweist auch schon Aussage a).

Setzt man $x = x_j$, so ist der Zähler in (2.7) identisch mit dem Nenner, somit ist der Wert des Bruchs und damit $L_j^n(x_j)$ gleich 1. Das beweist Aussage b).

Setzt man schließlich einen Wert x_i mit $i \neq j$ ein, so wird einer der Faktoren im Zähler gleich 0 und somit auch der gesamte Zähler. Das beweist Aussage c). $\square$

Beispiel 2.4

Um dieses vielleicht ominöse Ausmultiplizieren des Zählers zu illustrieren, greife ich die beiden Funktionen aus Beispiel 2.3 nochmals auf und führe diese Multiplikation explizit durch; ich erhalte

$$L_1^3(x) = \frac{1}{12}(x+1)(x-3)(x-4) = \frac{1}{12}x^3 - \frac{1}{2}x^2 + \frac{5}{12}x + 1$$

und

$$L_3^3(x) = \frac{1}{15}(x+1)(x-1)(x-3) = \frac{1}{15}x^3 - \frac{1}{5}x^2 - \frac{1}{15}x + \frac{1}{5}.$$

∎

Vielleicht fragen Sie sich, warum ich die beiden anderen Lagrange-Polynome zu den Daten aus Beispiel 2.3, also $L_0^3(x)$ und $L_2^3(x)$, nicht angegeben habe. Nun, ~~dazu war ich zu faul~~ dafür gibt es didaktische Gründe: Vielleicht möchten Sie es einmal selbst probieren? Zu Kontrolle sind hier die Ergebnisse, gleich in ausmultiplizierter Form:

$$L_0^3(x) = -\frac{1}{40}x^3 + \frac{1}{5}x^2 - \frac{19}{40}x + \frac{3}{10}$$

und

$$L_2^3(x) = -\frac{1}{8}x^3 + \frac{1}{2}x^2 + \frac{1}{8}x - \frac{1}{2}.$$

Und wie löst man nun das Interpolationsproblem für Polynome mithilfe der Lagrange-Polynome? Nun, das anzugeben ist mithilfe der in Satz 2.2 gezeigten Interpolationseigenschaft überhaupt nicht mehr aufwendig:

Satz 2.3

Die Lösung des in (3.4) formulierten Interpolationsproblems wird gegeben durch das Polynom

$$p(x) = y_0 L_0^n(x) + y_1 L_1^n(x) + \cdots + y_n L_n^n(x). \qquad (2.8)$$

OK, einen Beweis gönne ich uns doch noch; er ist ganz kurz.

Beweis Der Beweis dieses Satzes beruht direkt auf Satz 2.2. Zunächst stellt man fest, dass die durch (2.8) definierte Funktion ein Polynom n-ten Grades ist, da sie eine Linearkombination der Lagrange-Polynome ist, die selbst Polynome dieses Grades sind.

Setzt man nun einen der Punkte x_j in $p(x)$ ein, so folgt:

$$p(x_j) = y_0 L_0^n(x_j) + y_1 L_1^n(x_j) + \cdots + y_n L_n^n(x_j) = y_j L_j^n(x_j) = y_j,$$

denn alle anderen Lagrange-Polynome haben an der Stelle x_j den Wert 0. □

Sie haben recht, höchste Zeit für Beispiele.

Beispiel 2.5

Im ersten Beispiel greife ich das in Beispiel 2.2 a) mithilfe eines linearen Gleichungssystems gelöste Problem wieder auf, ich berechne also erneut das Interpolationspolynom zweiten Grades zu folgenden Vorgaben:

$$x_0 = -2, \quad y_0 = 11, \quad x_1 = 0, \quad y_1 = 1, \quad x_2 = 1, \quad y_2 = -1.$$

Dazu bestimme ich zunächst die Lagrange-Polynome; diese lauten

$$L_0^2(x) = \frac{1}{6}x(x-1), \quad L_1^2(x) = -\frac{1}{2}(x+2)(x-1), \quad L_2^2(x) = \frac{1}{3}x(x+2).$$

Bildet man nun die in (2.8) angegebene Kombination mit den hier vorgegebenen y-Werten, erhält man folgende Lösung:

$$p(x) = \frac{11}{6}x(x-1) - \frac{1}{2}(x+2)(x-1) - \frac{1}{3}x(x+2) = x^2 - 3x + 1.$$

in Übereinstimmung mit dem Ergebnis von Beispiel 2.2; Glück gehabt. ∎

Beispiel 2.6
Wenn ich schon beim Recyclen von alten Beispielen bin sollte ich auch Teil b) von Beispiel 2.2 nochmal aufgreifen: Ich bestimme also das Polynom dritten Grades, das die Interpolationsbedingungen

$$p(-2) = -11, \quad p(-1) = -1, \quad p(0) = 1, \quad p(1) = 1$$

erfüllt, mit der Methode von Lagrange. Ich bestimme zunächst die vier notwendigen Lagrange-Polynome; diese sind:

$$L_0^3(x) = \frac{(x+1)x(x-1)}{-6} = \frac{x-x^3}{6},$$

$$L_1^3(x) = \frac{(x+2)x(x-1)}{2} = \frac{x^3+x^2-2x}{2},$$

$$L_2^3(x) = \frac{(x+2)(x+1)(x-1)}{-2} = \frac{-x^3-2x^2+x+2}{2},$$

$$L_3^3(x) = \frac{(x+2)(x+1)x}{6} = \frac{x^3+3x^2+2x}{6}.$$

Somit lautet das gesuchte Polynom:

$$p(x) = -11 \cdot \frac{x-x^3}{6} - 1 \cdot \frac{x^3+x^2-2x}{2}$$
$$+ 1 \cdot \frac{-x^3-2x^2+x+2}{2} + 1 \cdot \frac{x^3+3x^2+2x}{6}$$
$$= x^3 - x^2 + 1.$$

Auch hier stimmt also die Lösung mit dem Ergebnis von Beispiel 2.2 überein. ∎

Zum Abschluss noch ein Beispiel, dessen Ergebnis Sie noch nicht kennen; diesmal sollen keine vorgegebenen Zahlen, sondern eine Funktion interpoliert werden.

Beispiel 2.7
Gesucht ist dasjenige Polynom zweiten Grades, das die Funktion $f(x) = \sin(x)$ an den Stellen $x_0 = 0$, $x_1 = \frac{\pi}{2}$ und $x_2 = \pi$ interpoliert.
    Die Lagrange-Polynome lauten in diesem Fall

$$L_0(x) = \frac{(x - x_1)(x - x_2)}{(x_0 - x_1)(x_0 - x_2)} = \frac{(x - \frac{\pi}{2})(x - \pi)}{\frac{\pi^2}{2}}$$

$$L_1(x) = \frac{(x - x_0)(x - x_2)}{(x_1 - x_0)(x_1 - x_2)} = \frac{x(x - \pi)}{-\frac{\pi^2}{4}}$$

$$L_2(x) = \frac{(x - x_0)(x - x_1)}{(x_2 - x_0)(x_2 - x_1)} = \frac{x(x - \frac{\pi}{2})}{-\frac{\pi^2}{2}}.$$

Die y-Werte sind hier noch zu berechnen, sie lauten $y_0 = f(x_0) = 0$, $y_1 = f(x_1) = 1$ und $y_2 = f(x_2) = 0$. Damit lautet das gesuchte Interpolationspolynom

$$p(x) = 0 \cdot L_0(x) + 1 \cdot L_1(x) + 0 \cdot L_2(x) = \frac{x(x - \pi)}{-\frac{\pi^2}{4}} = -\frac{4}{\pi^2}x^2 + \frac{4}{\pi}x. \quad (2.9)$$

Die letzte Umformung ist auch hier nicht unbedingt nötig, sie soll lediglich nochmals verdeutlichen, dass es sich bei der Lösungsfunktion um ein Polynom zweiten Grades handelt.   ∎

Besserwisserinfo
Beachten Sie, dass die Berechnung der Lagrange-Polynome $L_0(x)$ und $L_2(x)$ hier nur ~~um Sie zu nerven~~ zu Illustrationszwecken erfolgte; nötig ist sie nicht, da diese beiden Polynome ohnehin mit null multipliziert werden, also keinen

Beitrag zur Lösungsfunktion liefern. Im Ernstfall, beispielsweise bei einer Klausur, kann diese Beobachtung wertvolle Zeit bringen.

2.2.3   Die newtonsche Form des Interpolationspolynoms

Auf den vorigen Seiten wurde das Interpolationsproblem mit Polynomen bereits auf zwei verschiedene Arten vollständig gelöst, und damit könnte man eigentlich zufrieden sein. Allerdings haben beide Methoden ihre Nachteile; zum linearen Gleichungssystem habe ich mich schon geäußert, aber auch die Lagrange-Methode einen kleinen Nachteil, auf den ich Sie jetzt hinweisen will. (Das ist in einem Buch nicht anders als in der Werbung: Zuerst jubelt man eine Sache hoch, und kaum hat sich der Leser bzw. Kunde damit angefreundet, macht man sie auch schon wieder schlecht, weil man angeblich etwas noch Besseres hat.)

Nehmen Sie an, Sie hätten in mühevoller Rechenarbeit ein Interpolationsproblem gelöst, indem Sie – sagen wir mal – 20 Lagrange-Polynome berechnet und damit dem in (2.8) angegebenen Ansatz folgend ein Polynom 19. Grades aufgestellt haben, das durch 20 vorgegebene Punkt-Werte-Paare verläuft. Während Sie sich noch den Schweiß von der Stirn wischen, kommt Ihr Chef herein und verkündet freudestrahlend, dass er noch einen weiteren Messwert, also ein weiteres Punkt-Werte-Paar gefunden hat, das Sie bei Ihrer Lösung berücksichtigen sollten.

Zwar bin ich ein Mensch, der Gewalt in jeder Form ablehnt, aber das wäre tatsächlich ein Grund, Ihren Chef zu erschlagen, denn da *jedes* Lagrange-Polynom von *allen* Interpolationspunkten abhängt, könnten Sie in diesem Fall Ihre gesamte Arbeit wegwerfen und müssten von vorn beginnen.

In diesem Unterabschnitt gebe ich daher eine andere Methode an, das Interpolationspolynom zu berechnen, die diesen Nachteil nicht hat. Es handelt sich dabei um die sogenannte newtonsche Form des Interpolationspolynoms, und um diese zu bestimmen, benötigt man die ebenfalls nach Sir Isaac Newton (1643 bis 1727) benannten dividierten Differenzen.

Und genau diese definiere ich jetzt:

Definition 2.3

Gegeben seien $(n + 1)$ paarweise verschiedene Punkte $x_0, x_1, \ldots, x_n$ und $(n + 1)$ Werte $y_0, y_1, \ldots, y_n$. Dann definiert man iterativ die **(newtonschen) dividierten Differenzen** Δ wie folgt:

1. Für $i = 0, 1, \ldots, n$ setzt man die dividierten Differenzen 0-ter Stufe:

$$\Delta(x_i) = y_i.$$

2. Für $i = 0, 1, \ldots, n - 1$ definiert man die dividierten Differenzen 1-ter Stufe:

$$\Delta(x_i, x_{i+1}) = \frac{\Delta(x_i) - \Delta(x_{i+1})}{x_i - x_{i+1}}.$$

3. Falls $n \geq 2$ ist, definiert man für $k = 2, 3 \ldots, n$ und $i = 0, 1, \ldots, n - k$ die dividierten Differenzen k-ter Stufe:

$$\Delta(x_i, x_{i+1}, \ldots, x_{i+k}) = \frac{\Delta(x_i, x_{i+1}, \ldots, x_{i+k-1}) - \Delta(x_{i+1}, x_{i+2} \ldots, x_{i+k})}{x_i - x_{i+k}}.$$

Keine Panik! Nach ein paar erläuternden Bemerkungen gebe ich Ihnen Beispiele, die diese zunächst sicherlich undurchdringbar erscheinende Definition leicht verständlich machen.

Bemerkungen

1. Im ersten Schritt der Definition passiert eigentlich gar nichts, hier werden nur die Anfangswerte gesetzt, indem man die vorgegebenen y-Werte umbenennt.

2. Der zweite Schritt ist nichts anderes als ein Spezialfall des dritten, wenn man nämlich dort $k = 1$ setzen würden. Meist wird dieser zweite Schritt daher auch nicht extra angegeben; ich habe es hier dennoch getan, um Ihnen den Einstieg in den dritten, den allgemeinen Schritt, zu erleichtern.

3. Beachten Sie, dass die Anzahl der zu berechnenden dividierten Differenzen in jeder Stufe um 1 abnimmt, so dass man in der letzten, der n-ten Stufe, noch eine einzige zu berechnen hat.

Plauderei

Das Symbol Δ ist übrigens ein „Delta", also das „D" des griechischen Alphabets.

Beispiel 2.8

a) Ich verwende noch einmal die Werte aus Beispiel 2.2; dort war $n = 2$ und

$$x_0 = -2, \ y_0 = 11, \ x_1 = 0, \ y_1 = 1, \ x_2 = 1, \ y_2 = -1.$$

Im ersten Schritt wird ja nur umbenannt, ich setze also

$$\Delta(x_0) = \Delta(-2) = 11, \ \Delta(x_1) = \Delta(0) = 1, \ \Delta(x_2) = \Delta(1) = -1.$$

Im zweiten Schritt berechne ich die dividierten Differenzen erster Stufe. Da $n = 2$ ist, gibt es hiervon zwei Stück, und diese lauten:

$$\Delta(-2, 0) = \frac{11 - 1}{-2 - 0} = -5 \quad \text{und} \quad \Delta(0, 1) = \frac{1 - (-1)}{0 - 1} = -2.$$

Im dritten Schritt gibt es nur noch einen einzigen Wert zu berechnen, und zwar:

$$\Delta(-2, 0, 1) = \frac{-5 - (-2)}{-2 - 1} = 1.$$

Das war es auch schon für dieses Beispiel.

b) Nun wage ich mich an den Fall $n = 3$. Sicherlich haben Sie gerade gedacht, dass aich nun auch den zweiten Teil von Beispiel 2.2 wieder aufgreife; um Ihnen aber zu zeigen, dass ich trotz meines fortgeschrittenen Alters noch flexibel und kreativ sein kann, wähle ich neue Werte und setze

$$x_0 = -1, \ x_1 = 1, \ x_2 = 2, \ x_3 = 4$$

sowie

$$y_0 = -1, \ y_1 = 1, \ y_2 = 0, \ y_3 = 0.$$

Nun kann es losgehen: Im ersten Schritt erhalte ich

$$\Delta(-1) = -1, \ \Delta(1) = 1, \ \Delta(2) = 0, \ \Delta(4) = 0.$$

Der zweite Schritt liefert die folgenden Werte:

$$\Delta(-1, 1) = \frac{1 - (-1)}{1 - (-1)} = 1, \ \Delta(1, 2) = \frac{1 - 0}{1 - 2} = -1, \ \Delta(2, 4) = \frac{0 - 0}{2 - 4} = 0.$$

Für $k = 2$, also im dritten Schritt, erhält man

$$\Delta(-1, 1, 2) = \frac{1 - (-1)}{-1 - 2} = -\frac{2}{3} \ \text{und} \ \Delta(1, 2, 4) = \frac{-1 - 0}{1 - 4} = \frac{1}{3}.$$

Schließlich liefert der vierte und letzte Schritt

$$\Delta(-1, 1, 2, 4) = \frac{-\frac{2}{3} - \frac{1}{3}}{-1 - 4} = \frac{1}{5}.$$

∎

Und was hat das jetzt mit dem Thema dieses Büchleins, der Interpolation, zu tun? Nun, ziemlich viel: Satz 2.4 gibt an, wie man das Interpolationspolynom mithilfe dividierter Differenzen effizient berechnen kann:

Satz 2.4

Zur Lösung des Interpolationsproblems für Polynome berechnet man mit den dort angegebenen Zahlen $x_0, x_1, \ldots x_n$ und $y_0, y_1, \ldots, y_n$ die dividierten Differenzen nach Definition 2.3.

Setzt man zur Abkürzung

$$b_i = \Delta(x_0, x_1, \ldots, x_i) \ f\ddot{u}r \ i = 0, 1, \ldots, n,$$

so löst das folgende Polynom n-ten Grades das Interpolationsproblem:

$$p(x) = b_0 + b_1(x - x_0) + b_2(x - x_0)(x - x_1) + \cdots$$
$$+ b_{n-1}(x - x_0)(x - x_1) \cdots (x - x_{n-2})$$
$$+ b_n(x - x_0)(x - x_1) \cdots (x - x_{n-1})$$

Besserwisserinfo

Vergessen Sie nicht, dass die Lösung des Interpolationsproblems nach Satz 2.1 eindeutig bestimmt ist. Das in Satz 2.4 angegebene Polynom ist also nicht verschieden von dem in Satz 2.3 angegebenen, es ist lediglich eine andere Darstellung – eine andere Form – desselben Polynoms, die man auch die **newtonsche Form** nennt.

Beispiel 2.9

a) Nicht umsonst habe ich mir in Beispiel 2.8 a) die dividierten Differenzen zu den Daten

$$x_0 = -2, \; y_0 = 11, \; x_1 = 0, \; y_1 = 1, \; x_2 = 1, \; y_2 = -1$$

verschafft. Ich kann nun nämlich die nach Satz 2.4 nötigen Koeffizienten b_i sofort hinschreiben, sie lauten:

$$b_0 = \Delta(-2) = 11, \quad b_1 = \Delta(-2, 0) = -5 \quad \text{und} \quad b_2 = \Delta(-2, 0, 1) = 1.$$

Somit lautet das Interpolationspolynom in newtonscher Form:

$$p(x) = 11 - 5 \cdot (x - (-2)) + 1 \cdot (x - (-2))(x - 0) = 11 - 5(x + 2) + x(x + 2).$$

Normalerweise wird man das Polynom in dieser Form belassen, um jedoch den Vergleich mit der in Beispiel 2.5 angegebenen Lösung zu ermöglichen, multipliziere ich es jetzt noch aus und sortiere nach x-Potenzen; dies ergibt:

$$p(x) = 11 - 5(x + 2) + x(x + 2) = 11 - 5x - 10 + x^2 + 2x = x^2 - 3x + 1,$$

in Übereinstimmung mit dem Ergebnis in den Beispielen 2.2 und 2.5.

b) Wenn wir schon wieder beim Recyceln sind, sollten wir auch die in Beispiel 2.8 b) mühevoll berechneten dividierten Differenzen nicht ungenutzt lassen; vorgelegt sei also das Problem, das Polynom $p(x)$ dritten Grades zu finden, das die Interpolationsbedingungen

$$p(-1) = -1, \quad p(1) = 1, \quad p(2) = 0 \quad \text{und} \quad p(4) = 0 \tag{2.10}$$

erfüllt.

In Beispiel 2.8 b) kann man die Koeffizienten ablesen:

$$b_0 = -1, \; b_1 = 1, \; b_2 = -\frac{2}{3} \; \text{und} \; b_3 = \frac{1}{5}.$$

Das gesuchte Interpolationspolynom lautet also:

$$p(x) = -1 + (x + 1) - \frac{2}{3}(x + 1)(x - 1) + \frac{1}{5}(x + 1)(x - 1)(x - 2).$$

Auf das Ausmultiplizieren verzichte ich dieses Mal, es ist wie gesagt auch nicht üblich. Durch Einsetzen der Bedingungen (2.10) können Sie überprüfen, dass das Polynom korrekt ist.   ∎

Auf die Gefahr hin, dass es langweilige wird (was übringens ein gutes Zeichen wäre, da Sie die Vorgehensweise dann verstanden haben), hier noch ein weiteres Beispiel:

Beispiel 2.10

a) Zu bestimmen sei das Interpolationspolynom dritten Grades zu folgenden Daten:

$$x_0 = 0, \; x_1 = 1, \; x_2 = 2, \; x_3 = 3,$$

$$y_0 = 1, \; y_1 = 2, \; y_2 = 0, \; y_3 = 1.$$

Zunächst berechne ich die dividierten Differenzen und erhalte – diesmal ohne störende Zwischenbemerkungen:

$$\Delta(0) = 1, \; \Delta(1) = 2, \; \Delta(2) = 0, \; \Delta(3) = 1$$

$$\Delta(0, 1) = 1, \; \Delta(1, 2) = -2, \; \Delta(2, 3) = 1,$$

$$\Delta(0, 1, 2) = -\frac{3}{2}, \; \Delta(1, 2, 3) = \frac{3}{2}$$

$$\Delta(0, 1, 2, 3) = 1$$

Das Interpolationspolynom lautet somit

$$p(x) = 1 + x - \frac{3}{2}x(x - 1) + x(x - 1)(x - 2) \qquad (2.11)$$

b) Nun will ich endlich die zu Beginn dieses Abschnitts gemachte Bemerkung wieder aufgreifen und erklären, warum bei Verwendung der newtonschen Form das Erschlagen Ihres Chefs nicht notwendig ist, falls dieser noch einen weiteren Datensatz anbringt. Nehmen wir an, die zu Beginn von Teil a) angegebenen Daten werden ergänzt durch

$$x_4 = 4, \ y_4 = -1.$$

Nun ist also ein Polynom vierten Grades zu bestimmen. Bei der Berechnung der dividierten Differenzen können Sie aber alle in Teil a) bereits bestimmten wieder verwenden und müssen nur in jeder Zeile einen weiteren Eintrag vornehmen. *Insgesamt* ergibt sich folgendes Bild:

$$\Delta(0) = 1, \ \Delta(1) = 2, \ \Delta(2) = 0, \ \Delta(3) = 1, \ \Delta(4) = -1,$$

$$\Delta(0,1) = 1, \ \Delta(1,2) = -2, \ \Delta(2,3) = 1, \ \Delta(3,4) = -2$$

$$\Delta(0,1,2) = -\frac{3}{2}, \ \Delta(1,2,3) = \frac{3}{2}, \ \Delta(2,3,4) = -\frac{3}{2}$$

$$\Delta(0,1,2,3) = 1, \ \Delta(1,2,3,4) = -1,$$

$$\Delta(0,1,2,3,4) = -\frac{1}{2}.$$

Das Interpolationspolynom lautet somit

$$p(x) = 1 + x - \frac{3}{2}x(x-1) + x(x-1)(x-2) - \frac{1}{2}x(x-1)(x-2)(x-3).$$

Sie sehen hier, dass gegenüber dem Ergebnis in (2.11) nur ein Summand dazugekommen ist.

∎

2.3 Meistersterne

Diesen kurzen Abschnitt sollten Sie als kleinen Exkurs betrachten und – hoffentlich – mit einem Schmunzeln lesen, er stellt eine durchaus praktische Anwendung der Interpolation mit Polynomen im „täglichen Leben" dar.

Eine Frage, die sehr viele deutsche Fußball-Fans umtreibt, ist: Wann erhält der FC Bayern München endlich seinen fünften Meisterstern aufs Trikot?

Die Antwort: Nach derzeitigem Stand der Dinge niemals. Die Regelung der DFL
für die Erste Liga ist: Nach dem dritten Deutschen Meistertitel (in der Bundesliga)
darf eine Mannschaft einen Stern auf dem Trikot tragen, nach dem fünften zwei, nach
dem zehnten drei, und nach dem zwanzigsten vier Sterne. Weiter ging die Phantasie
der DFL offenbar nicht, es gibt keine Regelung für fünf und mehr Sterne, und das
bedeutet, dass der FC Bayern auf ewig mit vier Sternen auf der Brust herumlaufen
muss.

Ein unhaltbarer Zustand! Bevor ich eine diesbezügliche Petition an die DFL
richte, ist allerdings noch zu klären, nach der wievielten Meisterschaft der fünfte
Stern vergeben werden sollte, um mit der bestehenden Regel konform zu bleiben.
Die Antwort liefert die Polynom-Interpolation.

Trägt man die Anzahl der errungenen Meisterschaften in Abhängigkeit von der-
jenigen der Meistersterne in ein Koordinatensystem ein, ergibt sich das in Abb. 2.2
gezeigte Bild.

Das Problem ist nun, eine Funktion zu bestimmen, deren Graph durch diese
vier Punkte verläuft; mit anderen Worten: Ein Interpolationsproblem! Die (x, y)-
Koordinaten der Interpolationspunkte sind den obigen Angaben zu entnehmen, sie
lauten:

$$(1, 3), \quad (2, 5), \quad (3, 10), \quad (4, 20).$$

Dies sind vier Punkte, also ist $n = 3$, und mit einem der in den vorigen Abschnitten
angegebenen Verfahren kann man das Interpolationspolynom bestimmen; es lautet

$$p(x) = \frac{1}{3}x^3 - \frac{1}{2}x^2 + \frac{7}{6}x + 2. \tag{2.12}$$

(Wenn Sie mir nicht trauen, was ich durchaus verstehen könnte, können Sie entwe-
der die Berechnung nochmal nachvollziehen, oder ganz einfach nacheinander die

Abb. 2.2 Zusammenhang
zwischen Anzahl
Meisterschaften und
Sternen

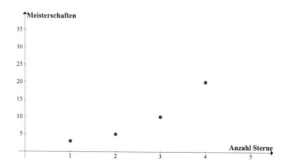

Zahlen $x = 1, 2, 3, 4$ einsetzen und überprüfen, dass sich die Werte $y = 3, 5, 10, 20$ ergeben.)

Abb. 2.3 zeigt diese Funktion, man sieht sehr schön, dass der Graph durch die vorgegebenen Punkte verläuft.

Die spannende Frage ist jetzt: Was ergibt sich für $x = 5$, also den fünften Stern? Die Antwort erhält man durch Einsetzen in (2.12): Es ist

$$p(5) = 37.$$

In Abb. 2.4 ist dieser Punkt eingetragen. Der fünfte Stern winkt also nach der siebenunddreißigsten Meisterschaft! (Übrigens ist $p(6) = 63$, ziemlich deprimierend.)

Abb. 2.3 Interpolationspolynom

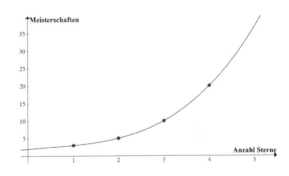

Abb. 2.4 Interpolationspolynom mit Eintrag $p(5) = 37$

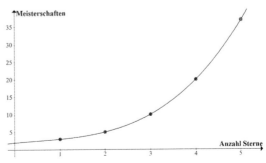

Interpolation einer Funktion und ihrer Ableitung

Manchmal ist es nötig oder zumindest sinnvoll, nicht nur die Werte der gesuchten Interpolationsfunktion an den Stellen x_i, sondern auch ihre Steigung an diesen Stellen vorzugeben. Diese Steigung wird durch die sogenannte Ableitung der Funktion berechnet.

Keine Sorge: Um das folgende Kapitel nachvollziehen zu können müssen Sie nicht ableiten können. Es genügt, wenn Sie ~~jemanden kennen, der~~ Folgendes wissen oder zumindest akzeptieren:

> **Besserwisserinfo**
> Für jede natürliche Zahl n wird die Ableitung der Funktion x^n an einer beliebigen Stelle x angegeben durch nx^{n-1}. Der Exponent wird also als Faktor vornedran geschrieben und anschließend (im Exponenten) um 1 vermindert.

Beispielsweise ist also die Ableitung der Funktion x^3 an einer beliebigen Stelle x gleich $3x^2$; an der Stelle $x = 2$ hat sie somit den Wert $3 \cdot 4 = 12$, an der Stelle $x = 0$ den Wert null.

Die Ableitung der Funktion x ($= x^1$) ist überall gleich $1x^0 = 1$, diejenige der konstanten Funktion 1 ($= x^0$) ist überall gleich null.

Wendet man diese Besserwisserinfo nun auf die einzelnen Summanden eines Polynoms $p(x)$ an, weiß man sofort, wie man die Ableitung dieses Polynoms – meist bezeichnet mit $p'(x)$ – bestimmt:

© Der/die Herausgeber bzw. der/die Autor(en), exklusiv lizenziert durch Springer
Fachmedien Wiesbaden GmbH, ein Teil von Springer Nature 2020
G. Walz, *Interpolation von Daten und Funktionen*, essentials,
https://doi.org/10.1007/978-3-658-30658-8_3

Besserwisserinfo
Die Ableitung des Polynoms

$$p(x) = a_n x^n + a_{n-1} x^{n-1} + \cdots + a_1 x + a_0$$

an einer beliebigen Stelle x lautet

$$p'(x) = n a_n x^{n-1} + (n-1) a_{n-1} x^{n-2} + \cdots + 2 a_2 x + a_1$$

Beispiel 3.1
Die Ableitung des Polynoms

$$p(x) = x^4 + 2x^3 - \frac{1}{2} x^2 + 3x + 42$$

ist

$$p'(x) = 4x^3 + 6x^2 - x + 3.$$

An der Stelle $x = 2$ hat dieses Polynom also die Steigung $p'(2) = 32 + 24 - 2 + 3 = 57$. Ganz schön steil.   ■

Das war's auch schon, mehr müssen Sie über das Ableiten für das Verständnis dieses Büchleins eigentlich nicht wissen. Und damit geht's nun endlich los mit dem Interpolieren.

3.1 Problemstellung und erste Beispiele

Es sollen jetzt also nicht nur die Funktionswerte, sondern auch die Werte der Ableitung in den Interpolationspunkten vorgegeben werden. Schauen wir zunächst ein Beispiel an.

Beispiel 3.2
Gesucht ist ein Polynom $p(x)$ höchstens dritten Grades, das folgende Bedingungen erfüllt:

$$p(0) = 0, \quad p'(0) = 1, \quad p(1) = 0, \quad p'(1) = -1$$

Das Polynom soll also in $x_0 = 0$ den Funktionswert 0 und den Ableitungswert 1 haben, sowie in $x_1 = 1$ den Funktionswert 0 und den Ableitungswert -1.

Um dieses Polynom zu bestimmen mache ich den Ansatz

$$p(x) = a_3 x^3 + a_2 x^2 + a_1 x + a_0. \qquad (3.1)$$

Die Ableitung hiervon ist

$$p(x) = 3a_3 x^2 + 2a_2 x + a_1. \qquad (3.2)$$

Einsetzen der beiden ersten Bedingungen in (3.1) und (3.2) liefert die Gleichungen

$$a_0 = 0$$

und

$$a_1 = 1,$$

während die beiden Vorgaben an die Stelle $x = 1$ zunächst ergeben:

$$a_3 + a_2 + a_1 + a_0 = 0,$$

und

$$3a_3 + 2a_2 + a_1 = -1.$$

Es ist also $a_0 = 0$ und $a_1 = 1$. Die beiden verbliebenen Gleichungen werden hierdurch zu

$$a_3 + a_2 + 1 = 0$$

bzw.

$$3a_3 + 2a_2 + 1 = -1.$$

Hieraus ergibt sich (Nachrechnen, bei mir weiß man nie!) $a_2 = -1$ und $a_3 = 0$. Das gesuchte Polynom ist also

$$p(x) = -x^2 + x.$$

∎

Ganz allgemein kann man die Problemstellung wie folgt formulieren:

Interpolation von Funktionswerten und Ableitungen
Mit einer natürlichen Zahl n seien $(n+1)$ Zahlen

$$x_0 < x_1 < \cdots < x_{n-1} < x_n \qquad (3.3)$$

sowie $(2n+2)$ beliebige Werte $y_0, y_1, \ldots, y_n$ und $v_0, v_1, \ldots, v_n$ vorgegeben. Das Interpolationsproblem besteht nun darin, ein Polynom $p(x)$ höchstens $(2n+1)$-ten Grades zu finden, das die Bedingungen

$$p(x_i) = y_i \quad \text{und} \quad p'(x_i) = v_i \quad \text{für } i = 0, 1, \ldots, n \qquad (3.4)$$

erfüllt. Auch dieses Polynom nennt man meist einfach **Interpolationspolynom**.

Ein erstes Beispiel haben Sie oben in Beispiel 3.2 schon gesehen; in der gerade festgelegten Bezeichnungsweise ist hier

$$x_0 = 0, \quad x_1 = 1, \quad y_0 = 0, \quad y_1 = 0, \quad v_0 = 1 \quad \text{und} \quad v_1 = -1.$$

Besserwisserinfo
Die gerade angegebene Problemstellung ist nur der Spezialfall eines noch allgemeineren Interpolationsproblems: Zum einen kann man die Ableitungswerte nur an einigen, nicht an allen Stellen x_i vorgeben, zum anderen kann man auch Werte der zweiten oder noch höherer Ableitungen interpolieren. Ich denke, Sie sind nicht allzu böse, wenn ich die ~~Freaks~~ Interessierten hierfür auf die Fachliteratur verweise.

Plauderei

Dieses Interpolationsproblem, also Interpolation nicht nur der Funktionswerte, sondern auch mindestens eines Ableitungswerts, nennt man auch **Hermite-Interpolation,** benannt nach Charles Hermite, einem französischen Mathematiker, der von 1822 bis 1901 lebte.
Im Gegensatz dazu bezeichnet man die Aufgabe, nur Funktionswerte bzw. Daten zu interpolieren, also das, was ich Ihnen im zweiten Kapitel nähergebracht habe, auch als **Lagrange-Interpolation,** benannt nach Joseph Louis Lagrange, den ich Ihnen ebenfalls im letzten Kapitel bereits vorgestellt habe.

Ich möchte die Bezeichnung „phänomenal" nicht überstrapazieren – sie kommt im nächsten Kapitel nochmal vor – , daher formuliere ich das folgende nicht in einem mathematischen Satz, sondern ganz einfach und schlicht im Text: Das oben angegebene Hermite-Interpolationsproblem ist immer eindeutig lösbar.
 Wenden wir uns lieber direkt Verfahren zur praktischen Berechnung zu.

3.2 Praktische Berechnung

Ich beginne wie im vorangegangenen Kapitel auch mit der Verwendung eines geeigneten linearen Gleichungssystems. Schauen wir uns dazu das Problem nochmal genau an: Zu bestimmen ist ein Polynom $(2n + 1)$-ten Grades, also eine Funktion der Form

$$p(x) = a_{2n+1}x^{2n+1} + a_{2n}x^{2n} + \cdots + a_1 x + a_0, \quad (3.5)$$

die die $2n + 2$ Gleichungen

$$p(x_0) = y_0, \ p(x_1) = y_1, \ldots, p(x_n) = y_n$$
$$p'(x_0) = v_0, \ p'(x_1) = v_1, \ldots, p'(x_n) = v_n$$

löst. Eingesetzt in (3.5) heißt das: Zu lösen sind die $n + 1$ Gleichungen

$$a_{2n+1}x_0^{2n+1} + a_{2n}x_0^{2n} + \cdots + a_1x_0 + a_0 = y_0$$
$$a_{2n+1}x_1^{2n+1} + a_{2n}x_1^{2n} + \cdots + a_1x_1 + a_0 = y_1$$
$$\vdots \quad \vdots \quad \vdots$$
$$a_{2n+1}x_n^{2n+1} + a_{2n}x_n^{2n} + \cdots + a_1x_n + a_0 = y_n$$

sowie, da die Ableitung des in (3.5) angegebenen Polynoms lautet:

$$p'(x) = (2n+1)a_{2n+1}x^{2n} + 2na_{2n}x^{2n-1} + \cdots + 2a_2x + a_1,$$

die weiteren $n + 1$ Gleichungen

$$(2n+1)a_{2n+1}x_0^{2n} + 2na_{2n}x_0^{2n-1} + \cdots + 2a_2x_0 + a_1 = v_0$$
$$(2n+1)a_{2n+1}x_1^{2n} + 2na_{2n}x_1^{2n-1} + \cdots + 2a_2x_1 + a_1 = v_1$$
$$\vdots \quad \vdots \quad \vdots$$
$$(2n+1)a_{2n+1}x_n^{2n} + 2na_{2n}x_n^{2n-1} + \cdots + 2a_2x_n + a_1 = v_n$$

Das sind also insgesamt $(2n + 2)$ Gleichungen zur Bestimmung von ebensovielen Koeffizienten $a_{2n+1}, a_{2n}, \ldots, a_1, a_0$. Das ist also ein prächtiges lineares Gleichungssystem, und es ist immer eindeutig lösbar. Ein erstes Beispiel hatten Sie oben schon gesehen (Beispiel 3.2), ein weiteres folgt hier:

Beispiel 3.3
Ich will mal großzügig sein und wähle $n = 2$, es wird also ein Polynom höchstens fünften Grades gesucht, das an drei Stellen x_0, x_1, x_2 vorgegebene Funktions- und Ableitungswerte annimmt. Nämlich diese hier:

$$x_0 = -1, \ x_1 = 0, \ x_2 = 1$$
$$y_0 = \ \ 1, \ y_1 = 0, \ y_2 = 1$$
$$v_0 = -2, \ v_1 = 0, \ v_2 = 2$$

Für $n = 2$ ist $2n + 1 = 5$, die Ansatzfunktion lautet also

$$p(x) = a_5x^5 + a_4x^4 + a_3x^3 + a_2x^2 + a_1x + a_0,$$

ihre Ableitung ist

$$p'(x) = 5a_5x^4 + 4a_4x^3 + 3a_3x^2 + 2a_2x + a_1.$$

Die ersten drei Gleichungen, die sich auf die Funktionswerte beziehen, lauten hier

$$-a_5 + a_4 - a_3 + a_2 - a_1 + a_0 = 1$$
$$a_0 = 0$$
$$a_5 + a_4 + a_3 + a_2 + a_1 + a_0 = 1,$$

diejenigen für die Ableitung sind

$$5a_5 - 4a_4 + 3a_3 - 2a_2 + a_1 = -2$$
$$a_1 = 0$$
$$5a_5 + 4a_4 + 3a_3 + 2a_2 + a_1 = 2$$

Das ist also insgesamt ein lineares Gleichungssystem mit 6 Gleichungen und ebenso vielen Unbekannte. Ich denke, Sie glauben mir, dass die eindeutige Lösung dieses Systems lautet

$$a_5 = 0, \quad a_4 = 0, \quad a_3 = 0, \quad a_2 = 1, \quad a_1 = 0, \quad a_0 = 0.$$

(Übrigens müssen Sie das auch nicht einfach so glauben, Sie können es leicht durch Einsetzen in die obigen Gleichungen verifizieren). Das Interpolationspolynom ist also

$$p(x) = x^2,$$

die gute alte Normalparabel. Dass dieses „Polynom höchstens fünften Grades" gleich drei Grade verschenkt ist nun wirklich sein Problem. ∎

Die Älteren unter Ihnen erinnern sich vielleicht noch an das letzte Kapitel. Dort hatte ich drei verschiedene Möglichkeiten zur praktischen Berechnung des Interpolationspolynoms angegeben. Genau wie im jetzigen Kapitel bestand die erste dieser Möglichkeiten im Lösen eines linearen Gleichungssystems.

Das zweite Verfahren benutzte die Lagrange-Polynome. Die Frage ist nun: Gibt es etwas Entsprechendes auch für das hier vorliegenden Problem der Interpolation von Funktionswerten und Ableitungen? Die Antwort ist: „Ja, aber...". Tatsächlich gibt es eine Analogie zu den Lagrange-Polynomen für dieses Problem – man nennt sie Hermite-Polynome –, aber die sind dermaßen ~~gruselig~~ unanschaulich, dass ich

sie hier nur dem Namen nach nennen, nicht aber explizit angeben und schon gar
nicht ein Beispiel damit durchrechnen will.

Sehr wohl aber will ich die Verwendung dividierter Differenzen zur Interpolation von Funktionswerten und Ableitungen vorstellen, denn das ist vergleichsweise
leicht erklärbar und nur eine kleine Modifikation der in Abschn. 2.2.3 vorgestellten
Methode.

Der Trick ist, das man jeden x-Wert zweimal hinschreibt. Damit es keine Verwirrung gibt benenne ich die x-Werte um in t (in der Hoffnung, dass nicht genau
das Verwirrung stiftet), setze also

$$t_0 = t_1 = x_0$$
$$t_2 = t_3 = x_1$$
$$\vdots \quad \vdots \quad = \quad \vdots$$
$$t_{2n} = t_{2n+1} = x_n$$

Das liefert also $(2n + 2)$ Zahlen, von denen je zwei gleich sind. Damit kann ich
die Verallgemeinerung der newtonschen dividierten Differenzen (Definition 2.3)
hinschreiben, wobei ich das diesmal aus Gründen der leichteren Verständlichkeit
etwas verbaler tun will als in Kap. 2.

Plauderei
Gibt es das Wort „verbaler" eigentlich? Ich weiß es nicht genau, möglicherweise ist das von der gleichen Qualität wie der Satz „Der Zustand ist bereits
optimal, aber bald wird er noch optimaler sein." Nun ja.

Definition 3.1
Gegeben seien die $(2n + 2)$ Punkte $t_0, t_1, \ldots, t_{2n+1}$ wie gerade definiert,
sowie die je $(n + 1)$ Werte $y_0, y_1, \ldots, y_n$ und $v_0, v_1, \ldots, v_n$ des Interpolationsproblems. Dann definiert man iterativ die **(newtonschen) dividierten**
Differenzen Δ wie folgt:

1. Ebenso wie die Punkte x_i schreibt man auch die Werte y_i „zweimal hin", man setzt also die dividierten Differenzen 0-ter Stufe:

$$\Delta(t_0) = \Delta(t_1) = y_0, \ \Delta(t_2) = \Delta(t_3) = y_1, \dots, \Delta(t_{2n}) = \Delta(t_{2n+1}) = y_n.$$

2. Für $i = 0, 1, \dots, 2n$ definiert man die dividierten Differenzen erster Stufe wie folgt:

Ist $t_i \neq t_{i+1}$, so setzt man wie in Definition 2.3

$$\Delta(t_i, t_{i+1}) = \frac{\Delta(t_i) - \Delta(t_{i+1})}{t_i - t_{i+1}}.$$

Ist $t_i = t_{i+1}$, so würde man bei derselben Setzung durch null dividieren, wofür man als Mathematiker in die Hölle kommt; daher setzt man stattdessen:

$$\Delta(t_i, t_{i+1}) = v_{i/2}. \tag{3.6}$$

Beachten Sie, dass diese beiden Fälle nach Definition der t_i immer abwechselnd auftreten.

3. Nun geht es genau so weiter wie in Definition 2.3, d.h., man definiert für $k = 2, 3 \dots, 2n + 1$ und $i = 0, 1, \dots, 2n + 1 - k$ die dividierten Differenzen k-ter Stufe:

$$\Delta(t_i, t_{i+1}, \dots, t_{i+k}) = \frac{\Delta(t_i, t_{i+1}, \dots, t_{i+k-1}) - \Delta(t_{i+1}, t_{i+2} \dots, t_{i+k})}{t_i - t_{i+k}}. \tag{3.7}$$

Da k mindestens gleich 2 ist kann der Nenner hier nicht null werden.

Besserwisserinfo

Möglicherweise hat Sie der merkwürdige Index in Gl. (3.6) irritiert. Das ist aber kein Geheimnis: Der hier betrachtete Fall $t_i = t_{i+1}$ kann nach Definition der t_i nur auftreten, wenn i gerade ist. In diesem Fall ist dann aber $t_i = x_{i/2}$, und $v_{i/2}$ ist gerade der dazu gehörige Ableitungswert.

Ja, ich weiß, hier müssen dringend Beispiele her, und hier kommt auch schon das erste:

Beispiel 3.4
Ich greife die Daten aus Beispiel 3.2 nochmal auf. Dort sollte ein Polynom p bestimmt werden, das die Vorgaben

$$p(0) = 0, \ p(1) = 0, \ p'(0) = 1, \ p'(1) = -1$$

erfüllt. Es ist also $n = 1$, und wie im Anschluss an das Beispiel schon einmal ausgeführt ist hier

$$x_0 = 0, \ x_1 = 1, \ y_0 = 0, \ y_1 = 0, \ v_0 = 1 \ \text{und} \ v_1 = -1.$$

Um die dividierten Differenzen zu berechnen setze ich also

$$t_0 = t_1 = 0, \ t_2 = t_3 = 1$$

sowie

$$\Delta(t_0) = \Delta(t_1) = 0 \ \text{und} \ \Delta(t_2) = \Delta(t_3) = 0.$$

Nach Schritt 2. des Verfahren muss ich nun die dividierten Differenzen erster Stufe für $i = 0, 1, 2$ bestimmen; ich erhalte

$$\Delta(t_0, t_1) = v_0 = 1 \ \text{(da } t_0 = t_1 \text{ ist)},$$

$$\Delta(t_1, t_2) = \frac{\Delta(t_1) - \Delta(t_2)}{t_1 - t_2} = \frac{0 - 0}{0 - 1} = 0, \ \text{und}$$

$$\Delta(t_2, t_3) = v_1 = -1 \ \text{(da } t_2 = t_3 \text{ ist)}.$$

Nun muss ich noch Schritt 2. nacheinander für $k = 2$ und $k = 3$ durchführen, wobei es nun keine Besonderheiten mehr gibt; ich erhalte:

$$\Delta(t_0, t_1, t_2) = \frac{\Delta(t_0, t_1) - \Delta(t_1, t_2)}{t_0 - t_2} = \frac{1 - 0}{0 - 1} = -1,$$

$$\Delta(t_1, t_2, t_3) = \frac{\Delta(t_1, t_2) - \Delta(t_2, t_3)}{t_1 - t_3} = \frac{0 - (-1)}{0 - 1} = -1,$$

sowie schließlich

$$\Delta(t_0, t_1, t_2, t_3) = \frac{\Delta(t_0, t_1, t_2) - \Delta(t_1, t_2, t_3)}{t_0 - t_3} = \frac{-1 - (-1)}{0 - 1} = 0.$$

∎

Das alles wäre natürlich brotlose Kunst, wenn nicht die folgende Entsprechung von Satz 2.4 gelten würde:

Satz 3.1
Mit den nach Definition 3.1 berechneten dividierten Differenzen und der Abkürzung

$$b_i = \Delta(t_0, t_1, \ldots, t_i) \ \text{für } i = 0, 1, \ldots, 2n + 1, \tag{3.8}$$

löst das folgende Polynom $(2n + 1)$-ten Grades das Interpolationsproblem für Funktionswerte und Ableitungen:

$$p(x) = b_0 + b_1(x - t_0) + b_2(x - t_0)(x - t_1) + \cdots +$$
$$+ b_{2n}(x - t_0)(x - t_1) \cdots (x - t_{2n-1})$$
$$+ b_{2n+1}(x - t_0)(x - t_1) \cdots (x - t_{2n})$$

Beispiel 3.5
Ich führe (Beispiel 3.4) fort. Hier gilt

$$b_0 = \Delta(t_0) = 0, \ b_1 = \Delta(t_0, t_1) = v_0 = 1,$$
$$b_2 = \Delta(t_0, t_1, t_2) = -1, \ b_3 = \Delta(t_0, t_1, t_2, t_3) = 0.$$

Das gesuchte Interpolationspolynom lautet somit

$$p(x) = 0 + 1 \cdot (x - 0) + (-1) \cdot (x - 0)(x - 0) + 0 \cdot (x - 0)(x - 0)(x - 1) = x - x^2,$$

in Übereinstimmung mit dem Ergebnis von Beispiel 3.2. ∎

Ein weiteres Beispiel soll ~~Sie davon abhalten, das Buch wegzulegen~~ das Verständnis vertiefen. Auch hier greife ich wieder etwas Bekanntes auf, nämlich die Problemstellung von Beispiel 3.3.

Beispiel 3.6
Die vorgegebenen Daten waren hier $n = 2$ sowie

$$x_0 = -1, \ x_1 = 0, \ x_2 = 1, \ y_0 = 1, \ y_1 = 0, \ y_2 = 1, \text{ und}$$
$$v_0 = -2, \ v_1 = 0, \ v_2 = 2$$

Daher ist zunächst zu setzen:

$$t_0 = t_1 = -1, \ t_2 = t_3 = 0 \text{ und } t_4 = t_5 = 1$$

sowie die dividierten Differenzen nullter Stufe

$$\Delta(t_0) = \Delta(t_1) = 1, \ \Delta(t_2) = \Delta(t_3) = 0 \text{ und } \Delta(t_4) = \Delta(t_5) = 1.$$

Die Differenzen erster Stufe – also $k = 1$ – berechnet man wie folgt, diesmal ohne störende Zwischenkommentare:

$$\Delta(t_0, t_1) = \Delta(-1, -1) = v_0 = -2,$$
$$\Delta(t_1, t_2) = \Delta(-1, 0) = \frac{\Delta(t_1) - \Delta(t_2)}{t_1 - t_2} = \frac{1 - 0}{-1 - 0} = -1$$
$$\Delta(t_2, t_3) = \Delta(0, 0) = v_1 = 0$$
$$\Delta(t_3, t_4) = \Delta(0, 1) = \frac{\Delta(t_3) - \Delta(t_4)}{t_3 - t_4} = \frac{0 - 1}{0 - 1} = 1$$
$$\Delta(t_4, t_5) = \Delta(1, 1) = v_2 = 2.$$

Nun folgen die Differenzen zweiter Stufe; übrigens: Keine Sorge , danach sind wir schneller fertig als Sie gerade glauben:

$$\Delta(t_0, t_1, t_2) = \frac{\Delta(t_0, t_1) - \Delta(t_1, t_2)}{t_0 - t_2} = \frac{-2 - (-1)}{0 - 1} = 1$$

$$\Delta(t_1, t_2, t_3) = \frac{\Delta(t_1, t_2) - \Delta(t_2, t_3)}{t_1 - t_3} = \frac{-1 - 0}{-1 - 0} = 1$$

$$\Delta(t_2, t_3, t_4) = \frac{\Delta(t_2, t_3) - \Delta(t_3, t_4)}{t_2 - t_4} = \frac{0 - 1}{0 - 1} = 1$$

$$\Delta(t_3, t_4, t_5) = \frac{\Delta(t_3, t_4) - \Delta(t_4, t_5)}{t_3 - t_5} = \frac{1 - 2}{0 - 1} = 1$$

Nun kommt bzw. käme die Berechnung der dividierten Differenzen dritter Stufe, also der Fall $k = 3$ in der Formel (3.7). Wenn Sie sich diese Formel aber jetzt nochmal genau ansehen, dann werden Sie bemerken, dass auf der rechten Seite im Zähler stets zwei der gerade berechneten Werte voneinander abgezogen werden. Da diese aber alle gleich sind (nämlich gleich 1), ergibt sich bei diesem Abziehen immer der Wert null, und das bedeutet: Alle Differenzen dritter – und damit auch alle höherer Stufe – sind null, und wir müssen gar nichts mehr berechnen!

Daher kann ich bereits alle benötigten b_i gemäß Gl. 3.8 zur Darstellung des Interpolationspolynoms hinschreiben: Es ist

$$b_0 = 1, \ b_1 = -2, \ b_2 = 1 \ \text{und} \ b_3 = b_4 = b_5 = 0.$$

Das Interpolationspolynom lautet daher

$$p(x) = 1 - 2(x + 1) + 1(x + 1)^2 + 0(x - 1)^2 x + 0(x - 1)^2 x^2 + 0(x - 1)^2 x^2 (x + 1)$$
$$= 1 - 2x - 2 + x^2 + 2x + 1$$
$$= x^2,$$

in bester Übereinstimmung mit dem Ergebnis von Beispiel 3.3. ∎

Auf denn kommenden Seiten zeige ich Ihnen nun noch kurz, dass und wie man auch mit anderen Arten von Funktionen interpolieren kann, denn die Welt besteht nicht nur aus Polynomen.

Interpolation mit anderen Arten von Funktionen

Polynome sind die eierlegenden Wollmilchsäue der gesamten Angewandten Mathematik, weil man mit ihnen so ziemlich alles anstellen kann, was man will, man kann sie problemlos ableiten und integrieren, oder wie gerade gesehen mit Ihnen Interpolationsprobleme lösen.

Wenn allerdings die zu interpolierenden Daten eine spezielle Struktur aufweisen, bieten sich manchmal andere Arten von Funktionen an. Sind diese Daten beispielsweise periodisch, so wird man versuchen, mit periodischen Funktionen zu interpolieren. Der Klassiker unter periodischen Funktionen sind sicherlich die trigonometrischen Funktionen Sinus und Cosinus, und daher baut man genau aus diesen die Interpolationsfunktionen auf:

Definition 4.1
Eine Funktion $t(x)$, die sich in der Form

$$t(x) = a_0 + a_1 \sin(x) + b_1 \cos(x) + a_2 \sin(2x) + b_2 \cos(2x) \qquad (4.1)$$
$$+ \cdots + a_n \sin(nx) + b_n \cos(nx)$$

darstellen lässt, wobei n eine natürliche Zahl ist und $a_0, a_1, \ldots, a_n$ sowie $b_1, \ldots, b_n$ reelle Zahlen sind, nennt man ein **trigonometrisches Polynom** oder eine **trigonometrische Summe** vom Grad (höchstens) n.
Die $(2n + 1)$ Zahlen $a_0, a_1, \ldots, a_n, b_1, \ldots, b_n$ heißen die **Koeffizienten** der trigonometrischen Summe.

Plauderei

Im Folgenden werde ich den Begriff „trigonometrische Summe" verwenden, um die Verwechslungsgefahr mit den bisher behandelten (algebraischen) Polynomen so weit wie möglich zu minimieren. Übrigens ist meiner Meinung nach die Bezeichnung „Grad" für die Zahl n nicht gut, denn von einem Exponenten o.ä. ist hier weit und breit nichts zu sehen; aber was soll ich machen, wenn der Großteil der vorhandenen Literatur diese Bezeichnung verwendet, kann ich mich dem kaum verschließen.

Beispiel 4.1

Die Funktion

$$t(x) = 4 - 2\sin(x) + \cos(x) + 3\sin(2x) - \cos(2x)$$

ist eine trigonometrische Summe vom Grad 2, die Funktion

$$t(x) = 1 + \cos(42x)$$

eine vom Grad 42. Letzteres wegen des Terms $42x$ im Argument des Cosinus, dafür, dass sie dazwischen eine ganze Menge Terme auslässt (streng genommen mit dem Koeffizienten null versieht), kann ich nichts. ∎

Das Interpolationsproblem für trigonometrische Summen lautet nun:

Interpolationsproblem für trigonometrische Summen

Mit einer natürlichen Zahl n seien $(2n + 1)$ Zahlen

$$0 \le x_0 < x_1 < \cdots < x_{2n-1} < x_{2n} < 2\pi \tag{4.2}$$

sowie ebenso viele beliebige Werte $y_0, y_1, \ldots, y_{2n}$ vorgegeben.

Das Interpolationsproblem für trigonometrische Summen besteht darin, eine trigonometrische Summe $t(x)$ höchstens n-ten Grades zu finden, die die Bedingungen

$$t(x_i) = y_i \text{ für } i = 0, 1, \ldots, 2n \tag{4.3}$$

erfüllt.

Sicherlich ist Ihnen aufgefallen, dass die x-Werte laut (4.2) nicht mehr beliebig auf der reellen Achse verteilt sein dürfen, sondern zwischen 0 und 2π liegen müssen. Das liegt an der Periodizität der trigonometrischen Summen: Da sowohl Sinus als auch Cosinus periodische Funktionen (mit der Periode 2π) sind, gilt das auch für die Summe $t(x)$ in (4.1), d. h. es ist

$$t(x + 2\pi) = t(x) \tag{4.4}$$

für alle reellen Zahlen x. Würde man die Einschränkung in (4.2) also nicht machen, könnte man beispielsweise nicht verhindern, dass ein übel gesinnter Mensch die Interpolationsaufgabe stellen, eine trigonometrische Summe $t(x)$ mit der Eigenschaft

$$t(0) = 0 \text{ und } t(2\pi) = 42$$

zu bestimmen.

Keine Chance. Da $t(x)$ in 0 und in 2π denselben Funktionswert hat ist diese Aufgabe unlösbar.

Erfüllen die Punkte aber die in (4.2) formulierte Bedingung, so gilt auch hier ein ebenso phänomenaler Satz wie bei den Polynomen:

Satz 4.1 (Existenz- und Eindeutigkeitssatz für trigonometrische Summen)
Das oben formulierte Interpolationsproblem für trigonometrische Summen besitzt stets eine eindeutig bestimmte Lösung.

Das heißt: Es gibt für jedes n und für jede Vorgabe von $(2n + 1)$ Punkt-Wertepaaren, die die Bedingung (4.2) erfüllen, genau eine trigonometrische Summe höchstens n-ten Grades, die die Bedingungen (4.3) erfüllt.

Zugegeben, hier habe ich mit Copy-and-Paste gearbeitet, aber die Situation ist eben nun mal genauso wie bei den Polynomen.

Die praktische Berechnung unterscheidet sich allerdings, denn bei trigonometrischen Summen wird man meist über die Lösung eines linearen Gleichungssystems gehen. Beispiele dazu gebe ich gleich, zuvor aber noch etwas für ~~Nerds~~ Feinschmecker.

Besserwisserinfo

Mit den sogenannten **trigonometrischen Lagrange-Polynomen**

$$T_j^n(x) = \frac{\sin\left(\frac{1}{2}(x-x_0)\right)\cdots\sin\left(\frac{1}{2}(x-x_{j-1})\right)\sin\left(\frac{1}{2}(x-x_{j+1})\right)\cdots\sin\left(\frac{1}{2}(x-x_{2n})\right)}{\sin\left(\frac{1}{2}(x_j-x_0)\right)\cdots\sin\left(\frac{1}{2}(x_j-x_{j-1})\right)\sin\left(\frac{1}{2}(x_j-x_{j+1})\right)\cdots\sin\left(\frac{1}{2}(x_j-x_{2n})\right)}$$

$$(4.5)$$

für j von 0 bis $2n$ löst die trigonometrische Summe

$$p(x) = y_0 T_0^n(x) + y_1 T_1^n(x) + \cdots + y_{2n} T_{2n}^n(x) \qquad (4.6)$$

das obige Interpolationsproblem 4.3.

Nein, schön ist das nicht. Schon allein der Nachweis der Tatsache, dass es sich bei den in (4.5) angegebenen Funktionen um trigonometrische Summen, also Funktionen der Form (4.1) handelt, ist nicht leicht und erfordert den verschärften Einsatz von sogenannten Additionstheoremen. Das will ich ~~mir~~ uns hier lieber ersparen.

Gehen wir die Sache also lieber über die Lösung eines Gleichunggssystems an. Die Vorgehensweise ist genauso wie bei den Polynomen und soll hier durch zwei Beispiele erläutert werden.

Beispiel 4.2

a) Zu bestimmen ist die trigonometrische Summe vom Grad $n = 1$, die die folgenden Interpolationsbedingungen erfüllt:

$$t(0) = 0, \ t\left(\frac{\pi}{2}\right) = -1, \ t(\pi) = 1. \qquad (4.7)$$

Man macht den Ansatz

$$t(x) = a_0 + a_1 \sin(x) + b_1 \cos(x)$$

und setzt die drei Interpolationsbedingungen ein; das ergibt wegen

$$\sin(0) = \sin(\pi) = 0, \ \sin\left(\frac{\pi}{2}\right) = 1, \ \cos(0) = 1, \ \cos\left(\frac{\pi}{2}\right) = 0, \text{ und } \cos(\pi) = -1$$

nacheinander

$$a_0 \quad + b_1 = 0$$
$$a_0 + a_1 \quad = -1$$
$$a_0 \quad - b_1 = 1$$

Dieses lineare Gleichungssystem hat die eindeutige Lösung

$$a_0 = \frac{1}{2}, \ a_1 = -\frac{3}{2} \text{ und } b_1 = -\frac{1}{2}.$$

Einsetzen dieser Werte in den obigen Ansatz liefert die gesuchte Interpolationsfunktion

$$t(x) = \frac{1}{2} - \frac{3}{2} \sin(x) - \frac{1}{2} \cos(x)$$

b) Warum nicht einmal ein Beispiel mit $n = 2$? Ja, richtig, weil das schon 5 Koeffizienten sind, die man berechnen muss, also ein Gleichungssystem mit 5 Unbekannten und ebenso vielen Gleichungen! Aber keine Sorge, wir kürzen das ein wenig ab.

Zunächst die Problemstellung: Gesucht ist die trigonometrische Summe vom Grad höchstens 2, also eine Funktion der Form

$$t(x) = a_0 + a_1 \sin(x) + b_1 \cos(x) + a_2 \sin(2x) + b_2 \cos(2x), \qquad (4.8)$$

zu den folgenden Interpolationsdaten:

$$x_0 = 0, \ x_1 = \frac{\pi}{4}, \ x_2 = \frac{\pi}{2}, \ x_3 = \pi, \ x_4 = \frac{3\pi}{2},$$

$$y_0 = 1, \ y_1 = 0, \ y_2 = -1, \ y_3 = 1, \ y_4 = -1$$

Einsetzen dieser Bedingungen in den Ansatz (4.8) liefert die folgenden 5 Gleichungen:

$$
\begin{aligned}
a_0 \quad\quad + b_1 \quad + b_2 &= \ \ 1 \\
a_0 + \frac{\sqrt{2}}{2} a_1 + \frac{\sqrt{2}}{2} b_1 + a_2 \quad\ &= \ \ 0 \\
a_0 + a_1 \quad\quad\quad - b_2 &= -1 \\
a_0 \quad\quad - b_1 \quad + b_2 &= \ \ 1 \\
a_0 - a_1 \quad\quad\quad - b_2 &= -1
\end{aligned}
$$

Dieses lineare Gleichungssystem hat die eindeutige Lösung

$$a_0 = a_1 = b_1 = a_2 = 0, \ b_2 = 1,$$

was Sie durch Einsetzen sofort verifizieren können. Die gesuchte trigonometrische „Summe" lautet also einfach

$$t(x) = \cos(2x).$$

■

In einem einzigen, allerdings sehr häufig auftretenden Spezialfall, nämlich dem der gleichabständigen Interpolationspunkte, muss man kein Gleichungssystem lösen, sondern kann die Koeffizienten der interpolierenden trigonometrischen Summe explizit angeben. Eine reine Freude ist das allerdings nicht, wie Sie in Satz 4.2 sehen werden.

Satz 4.2

Die Lösung des trigonometrischen Interpolationsproblems (4.2), (4.3) mit den gleichabständigen x-Werten

$$x_0 = 0, x_1 = \frac{2\pi}{2n+1}, \ x_2 = \frac{4\pi}{2n+1}, \ x_3 = \frac{6\pi}{2n+1}, \dots, \ x_{2n} = \frac{4n\pi}{2n+1}.$$

ist die trigonometrische Summe

$$t(x) = a_0 + a_1 \sin(x) + b_1 \cos(x) + a_2 \sin(2x) + b_2 \cos(2x)$$
$$+ \cdots + a_n \sin(nx) + b_n \cos(nx)$$

mit den Koeffizienten

$$a_0 = \frac{1}{2n+1}(y_0 + y_1 + \cdots + y_{2n})$$

sowie für $j = 1, 2, \ldots, n$

$$a_j = \frac{2}{2n+1}\left(y_0 + y_1 \cos\left(\frac{2\pi j}{2n+1}\right) + y_2 \cos\left(\frac{4\pi j}{2n+1}\right) + \cdots + y_{2n}\cos\left(\frac{4n\pi j}{2n+1}\right)\right)$$

und

$$b_j = \frac{2}{2n+1}\left(y_1 \sin\left(\frac{2\pi j}{2n+1}\right) + y_2 \sin\left(\frac{4\pi j}{2n+1}\right) + \cdots + y_{2n}\sin\left(\frac{4n\pi j}{2n+1}\right)\right)$$

Plauderei
Der britische Physiker Stephen Hawking (1942 bis 2018) hat einmal gesagt: „Jede mathematische Formel in einem Buch halbiert die Verkaufszahlen dieses Buches." In diesem Sinne habe ich die Verkaufszahlen vermutlich gerade eben geviertelt. Aber was soll's, da muss ich durch.

Offen gestanden ~~war ich zu faul~~ halte ich es nicht für didaktisch sinnvoll, ein Zahlenbeispiel hierfür komplett durchzurechnen. Zum Glück gibt es andere Menschen, die fleißiger sind als ich, beispielsweise die Autoren des schönen Lehrbuchs Meinardus/Merz (1979), in dem man das folgende Beispiel findet:

Beispiel 4.3

Zu Lösen ist das trigonometrische Interpolationsproblem mit $n = 6$ und gleichabständigen x-Werten, also

$$x_0 = 0, x_1 = \frac{2\pi}{13}, \ x_2 = \frac{4\pi}{13}, \ x_3 = \frac{6\pi}{13}, \ldots, \ x_{12} = \frac{24\pi}{13}. \tag{4.9}$$

Die y–Werte werden abgegriffen von der 2π-periodischen Funktion

$$g(x) = e^{\cos(x) + 2\sin(x)}$$

(man gönnt sich ja sonst nichts), also

$$y_0 = g(x_0), y_1 = g(x_1), \ldots, y_{12} = g(x_{12})$$

mit den in (4.9) angegebenen x-Werten.

Die nach den Formeln in Satz 4.2 berechneten Koeffizienten findet man in folgender Tabelle:

$$
\begin{aligned}
a_0 &= 2{,}699336 \\
a_1 &= 1{,}769656 & b_1 &= 3{,}539312 \\
a_2 &= -1{,}115617 & b_2 &= 1{,}487489 \\
a_3 &= -0{,}620767 & b_3 &= -0{,}112865 \\
a_4 &= -0{,}046596 & b_4 &= -0{,}159698 \\
a_5 &= 0{,}026104 & b_5 &= -0{,}024378 \\
a_6 &= 0{,}006164 & b_6 &= 0{,}001272
\end{aligned}
$$

∎

Neben den Polynomen und trigonometrischen Summen gibt es noch eine dritte Sorte von Funktionen, mit denen man immer interpolieren kann, die sogenannten Exponentialsummen. Die genaue Definition folgt gleich, zuvor will ich aber erst noch sagen, dass diese Exponentialsummen aus Exponentialfunktionen aufgebaut sind und sich deswegen hervorragend dazu eignen, Wachstums- oder Zerfallsprozesse zu modellieren. Falls Sie also einmal in der Verlegenheit sein sollten, einen nuklearen Zerfallsprozess (schlecht) oder ein exponentiell anwachsendes Bankguthaben (gut) modellieren zu müssen, können Sie diese Funktionen benutzen.

Nun aber:

Definition 4.2
Eine Funktion der Form

$$h(x) = a_1 e^{c_1 x} + a_2 e^{c_2 x} + \cdots + a_n e^{c_n x}, \qquad (4.10)$$

wobei $a_1, a_2, \ldots, a_n$ und $c_1 < c_2 < \cdots < c_n$ reelle Zahlen sind, nennt man **Exponentialsumme** der Ordnung n. Die Zahl e ist hier die **eulersche Zahl**

$$e = 2,718281828459045\ldots.$$

Plauderei
Die Zahl e ist benannt nach – wen wundert's – Leonhard Euler, einem schweizer Gelehrten, der von 1707 bis 1783 lebte und einer der bedeutendsten Mathematiker des 18. Jahrhunderts war.

Wenn man nun ein vernünftig behandelbares Interpolationsproblem stellen will, muss man zunächst die Zahlen c_i im Exponenten festlegen, denn sonst erhält man ein fast unüberschaubares Gewirr an freien Parametern.

Nochmal, weil es so wichtig ist: Die Zahlen $c_1, c_2, \ldots, c_n$ in der Darstellung der Funktion (4.10) sind (z. B. vom Benutzer) *fest gewählt*.

Das Interpolationsproblem für Exponentialsummen lautet dann: Zu vorgegebenen Zahlen $x_1 < x_2 < \cdots < x_n$ und Werten $y_1, y_2, \ldots, y_n$ bestimme man eine Exponentialsumme, also eine Funktion der Form

$$h(x) = a_1 e^{c_1 x} + a_2 e^{c_2 x} + \cdots + a_n e^{c_n x},$$

die die Bedingungen

$$h(x_i) = y_i \text{ für } i = 1, \ldots, n$$

erfüllt.

Ich will diese letzten Zeilen des Büchleins zusammen mit Ihnen als lockeres Auslaufen gestalten, daher habe ich das Problem gerade eben im Fließtext geschrieben, und deshalb will ich auch jetzt als textliche Bemerkung (und nicht als streng mathematischen Satz) formulieren, dass dieses Interpolationsproblem immer eine eindeutige Lösung besitzt.

Und auch mit Lagrange-artigen Funktionen oder dividierten Differenzen will ich nicht kommen, sondern einfach nur anhand eines kleinen Beispiels zeigen, wie man die Lösung dieses Interpolationsproblems mithilfe eines linearen Gleichungssystems bestimmt.

Beispiel 4.4
Ich möchte ein Beispiel mit $n = 3$ behandeln; hierfür muss ich zunächst die Zahlen c_1, c_2 und c_3 festlegen und entscheide mich – willkürlich – für:

$$c_1 = 0, \quad c_2 = 1 \text{ und } c_3 = 3.$$

Da – wie für jede Zahl – die nullte Potenz von e gleich 1 ist, also $e^0 = 1$, haben wir es somit mit Exponentialsummen der Form

$$h(x) = a_1 + a_2 e^x + a_3 e^{3x} \tag{4.11}$$

zu tun.
Als Interpolationsdaten gebe ich vor:

$$x_1 = 0, \ x_2 = 1, \ x_3 = 2, \text{ sowie } y_1 = 1, \ y_2 = 2 - e^3 \text{ und } y_3 = 2 - e^6.$$

Einsetzen dieser Daten in den Ansatz (4.11) liefert das Gleichungssystem

$$a_1 + a_2 + a_3 = 1$$
$$a_1 + a_2 e + a_3 e^3 = 2 - e^3$$
$$a_1 + a_2 e^2 + a_3 e^6 = 2 - e^6$$

Um den bereits mehrfach strapazierten Gedanken des „lockeren Auslaufens" noch ein einziges Mal zu benutzen: Die Lösung dieses Systems kann ohne allzuviel Mühe (das meine ich ernst!) bspw. mithilfe des Gauß-Algorithmus' bestimmt werden, aber da ~~ich~~ Sie sicherlich so langsam erschöpft sind gebe ich die Lösung direkt an: Wie Sie mühelos durch Einsetzen verifizieren können lautet sie $a_1 = 2$, $a_2 = 0$ und $a_3 = -1$. Lösung des Interpolationsproblems ist also die Exponentialsumme

$$h(x) = 2 - e^{3x}.$$

■

Damit sind wir am Ende unseres kleinen gemeinsamen Ausflugs in die Welt der Interpolation angelangt. (Eine geradezu poetische Formulierung für einen Mathematiker, das müssen Sie mir zugestehen!) Sie haben u. a. gesehen, dass man mit Polynomen jedes Interpolationsproblem lösen kann, und dass es zur Interpolation speziell strukturierter Daten wie bspw. periodisch oder exponentiell verteilter auch andere geeignete Arten von Funktionen gibt.

Tatsächlich existiert noch mindestens eine weitere Funktionenklasse, die man häufig zur Interpolation einsetzt, die sogenannten Splinefunktionen. Das sind Funktionen, die – salopp gesagt – aus Polynomstücken zusammengesetzt sind, und zwar nicht irgendwie, sondern so, dass der Übergang zwischen den einzelnen Polynomstücken schön glatt ist.

Ich glaube, Sie merken schon, warum ich das in diesem Büchlein nicht mehr untergebracht habe: Die Darstellung der Grundlagen über Splinefunktionen, bevor man überhaupt zum Thema Interpolation kommt, ist einfach zu umfangreich. Ich habe mich daher entschlossen, ein eigenes *essential* zum Thema Splinefunktionen zu schreiben, und möchte Sie herzlich einladen, auch einmal dort hinein einen Blick zu werfen.

Was Sie aus diesem *essential* mitnehmen können

- Mit Polynomen kann man eine beliebige Anzahl von Daten stets eindeutig interpolieren
- Es gibt mindestens drei verschiedene Verfahren, um die Interpolation mit Polynomen durchzuführen
- Sind neben den Funktionswerten auch die Werte der Ableitung zu interpolieren, so ist auch dieses Problem eindeutig lösbar
- Weisen die zu interpolierenden Daten einen periodischen oder exponentiellen Verlauf auf, so kann man sie mit trigonometrischen Polynomen oder Exponentialsummen interpolieren

© Der/die Herausgeber bzw. der/die Autor(en), exklusiv lizenziert durch Springer 55
Fachmedien Wiesbaden GmbH, ein Teil von Springer Nature 2020
G. Walz, *Interpolation von Daten und Funktionen*, essentials,
https://doi.org/10.1007/978-3-658-30658-8

Literatur

Bärwolff, G. (2015): *Numerik für Ingenieure, Physiker und Informatiker, 2. Aufl.*, Springer-Spektrum: Heidelberg

Davis, P.J. (2014): *Interpolation and Approximation*, Dover Publications (Reprint): New York

Meinardus, G.; Merz, G. (1979): *Praktische Mathematik I*, B.I.-Wissenschaftsverlag: Mannheim

Opfer, G. (2008): *Numerische Mathematik für Anfänger, 5. Aufl.*, Vieweg+Teubner: Wiesbaden

Richter, Th; Wick, Th. (2017): *Einführung in die Numerische Mathematik*, Springer-Spektrum: Heidelberg

Schwarz, H.R.; Köckler, N. (2011): *Numerische Mathematik, 8. Aufl.*, Vieweg+Teubner: Wiesbaden

Steffensen, J.F. (2012): *Interpolation*, Dover Publications (Reprint): New York

Walz, G. (2018): *Lineare Gleichungssysteme – Klartext für Nichtmathematiker*, Springer Nature: Wiesbaden

Walz, G. (2020): *Mathematik für Hochschule und Duales Studium, 3. Aufl.*, Springer-Spektrum: Heidelberg

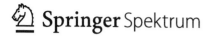
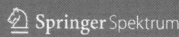

Printed in the United States
By Bookmasters